Oliver Thaßler

Auswirkungen der Brandrodung tropischer Wälder auf das globale Klima am Beispiel des Kongobeckens in Afrika

GRIN Verlag

Bibliografische Information der Deutschen Nationalbibliothek:

Die Deutsche Bibliothek verzeichnet diese Publikation in der Deutschen National-
bibliografie; detaillierte bibliografische Daten sind im Internet über http://dnb.d-
nb.de/ abrufbar.

Impressum:

Copyright © 2001 GRIN Verlag GmbH
Druck und Bindung: Books on Demand GmbH, Norderstedt Germany
ISBN: 978-3-640-86823-0

Dieses Buch bei GRIN:

http://www.grin.com/de/e-book/168795/auswirkungen-der-brandrodung-tropischer-
waelder-auf-das-globale-klima-am

GRIN - Your knowledge has value

Der GRIN Verlag publiziert seit 1998 wissenschaftliche Arbeiten von Studenten, Hochschullehrern und anderen Akademikern als eBook und gedrucktes Buch. Die Verlagswebsite www.grin.com ist die ideale Plattform zur Veröffentlichung von Hausarbeiten, Abschlussarbeiten, wissenschaftlichen Aufsätzen, Dissertationen und Fachbüchern.

Besuchen Sie uns im Internet:

http://www.grin.com/

http://www.facebook.com/grincom

http://www.twitter.com/grin_com

Fachhochschule Eberswalde / Fachbereich Landschaftsnutzung und Naturschutz
Studienarbeit Globale Umweltsituation / Bearbeiter: Oliver Thaßler

Auswirkungen der Brandrodung tropischer Wälder auf das globale Klima am Beispiel des Kongobeckens in Afrika

Wintersemester 2001

Inhaltsverzeichnis

1. Brandrodung als Teilursache eines Klimawandels

Die in der Atmosphäre vorhandenen Stoffe wie Methan, Kohlendioxid, Stickstoffoxide, Ozon und Nicht- Methan - Kohlenwasserstoffe sind neben Wasserstoff jene Spurengase, die teilweise direkt auf das Klima einwirken oder durch chemische Reaktionen in der Atmosphäre in sekundäre Produkte umgewandelt werden, die klimarelevant sind. Die Konzentration dieser Gase bedingt den für das Klima der Erde wichtigen Treibhauseffekt. „Dieser natürliche Treibhauseffekt ist die Ursache dafür, dass die auf der Erde beobachtete Durchschnittstemperatur gegenwärtig 15 °C beträgt. Er ermöglicht erst das Leben in der Form wie es auf der Erde existiert (ENQUETE- KOMMISSION 1990)."

Bei der Brandrodung tropischer Wälder werden große Mengen dieser Gase emittiert und steigern durch deren erhöhte Konzentration in der Atmosphäre den Treibhauseffekt (zusätzlicher Treibhauseffekt), bei dem die von der Erdoberfläche abgestrahlte, langwellige Wärmestrahlung noch stärker als vor der Industrialisierung beim Austritt in den Weltraum gehindert wird. Es resultierte daraus eine Erhöhung der globalen Durchschnittstemperatur in Bodennähe in den vergangenen 100 Jahren um 0,6 °C, wobei nach Klimamodellrechnungen die globale Durchschnittstemperatur bis zum Jahr 2030 um 3 °C steigen wird, wenn sich die Konzentration von Kohlendioxid gegenüber dem vorindustriellen Wert verdoppelt (ENQUTE KOMMISSION 1990). Die UNEP (1998) geht von einem Anstieg des Kohlendioxid von jetzt 360 parts per million by volume (ppmv) in der Atmosphäre auf 500 - 900 ppmv bis zum Jahr 2100 aus.

Die Brandrodung ist neben der Luftverschmutzung durch Verbrennung fossiler Energien, der Produktion und Anwendung von FCKW in der Chemie und Emissionen aus der Landwirtschaft (Reisanbau, Düngung, Rinderhaltung) deshalb von großer Problematik, da die Biomasse in tropischen Regenwälder besonders hoch ist - sie liegt im Kongobecken bei 16 - 30 t / ha / Trockengewicht / a (RAS-WORLD ATLAS 1998, PLATE 114, Primary Phytomass Production) und erreicht damit weltweit höchste Werte, die nur noch in tropischen Wälder Indiens, Indonesiens und Südamerikas (Amazonasbecken) vergleichbar hoch sind - und bei Verbrennung dieser klimarelevante Gase emittiert werden. Dabei gehen 15 % des zusätzlichen Treibhauseffekts auf die Vernichtung tropischer Regenwälder zurück (STIFTUNG ÖKOLOGIE u. LANDBAU 1995), es fehlt aber bis heute an einer genauen Quantifizierung der Emissionen aus den einzelnen Tropenwaldgebieten in chorischer

Dimension, weil sich die Erhebungen innerhalb von Ländergrenzen bewegen. Das Kongobecken liegt hauptanteilig in Zaire, dessen Netto - Freisetzung von Kohlenstoff in die Atmosphäre durch Tropenwaldvernichtung im Jahr 1980 bei 26,8 Millionen Tonnen / a lag. Als Teil des zweitgrößten noch existierenden Regenwaldes auf der Erde nach dem Amazonasgebiet (RAS-WORLD ATLAS 1998, PLATE 105 Biomes und PLATE 110 Vegetation) ist bei fortschreitender Vernichtung ein großer Einfluss auf Änderungen des Weltklimas zu erwarten, was sich in negativen Auswirkungen manifestiert und so zu einem globalen Umweltproblem wird.

2. Globale Konsequenzen der Tropenwaldvernichtung

Die UNEP (1998) rechnet mit einem Anstieg des Meeresspiegels um 15-95 cm bis zum Jahr 2100, was zum Verlust von besiedelten Räumen, insbesondere kleiner Inselstaaten und Deltalandschaften führen wird, wovon Millionen von Menschen betroffen wären. Hinzu käme eine Zunahme von Krankheiten und die Ausbreitung von Malaria (GREENPEACE 1998), ein Anstieg der durch Hitze -Stress bedingten Mortalität, die Veränderungen der Grenzen, Strukturen und Funktionen der Ökosysteme und damit der Probleme der Nutzungsumstellungen, ein Rückgang der Möglichkeiten zur Agrarproduktion in den Tropen und Subtropen, sowie weniger verfügbares Trinkwasser (UNEP 1998). Das WZB (1993) fokussiert die auftretenden Probleme des Klimawandels und prognostiziert das Auftauen gefrorener Tundraböden, was zu organischer Verrottung und einer weiteren Vermehrung von Treibhausgasen, einer „klimatischen Kettenreaktion" führen würde. Trockenheit, Wüstenausdehnung oder Bodenerosion würde die Lebensgrundlage in vielen Ländern der Welt gefährden.

Das durch Brandrodung freigesetzte Kohlendioxid beträgt für das ganze tropische Afrika 158 Millionen Tonnen Kohlenstoff pro Jahr (ENQUTE KOMMISSION 1990) bei einer Bestockung Afrikas von 175 Millionen ha mit tropischem Regenwald (GEOGRAPHISCHES INSTITUT MEYER 1993). Das Kongobecken hat mit einer Größe von 12,5 Millionen ha zwar nur einen Anteil von 7 % an den tropischen Wäldern Afrikas, emittiert aber 19 % des im tropischen Afrika durch Brandrodung freigesetzten Kohlenstoffs. Auch Methan ist zu einem Fünftel am zusätzlichen Treibhauseffekt beteiligt, ist in der Konzentration gegenüber Kohlendioxids zwar geringer, verfügt aber um den Faktor 32 höheres spezifisches Treibhauspotential (ENQUTE KOMMISSION 1990).

Wie gravierend die Brandrodungen im Kongobecken sind, verdeutlicht der durch den photochemischen Abbau von Kohlenstoff und Methan bei Anwesenheit hoher Stickoxidmengen hervorgerufene, klimarelevante Ozongehalt. Während über ungestörten tropischen Wäldern die Ozonkonzentration in der Troposphäre oft unter 10 ppb liegt, erreicht sie über der Volksrepublik Kongo Werte von fast 70 ppb (ENQUTE KOMMISSION 1990), was den höchsten Werten auf der südlichen Hemisphäre entspricht. Die Maxima treten in der Trockenzeit (Juli-Oktober) über dem Atlantik westlich von Äquatorial- Afrika auf, was durch den Transport der über dem afrikanischen Kontinent freigesetzten Spurengase und der dabei stattfindenden Ozonbildung erklärt wird. Dadurch wird die Problematik der Brandrodung im Kongobecken deutlich, was durch Karten der RAS (1998) noch untersetzt wird: Die in Region des Kongobeckens vorherrschende Agrarkultur ist die auf kurze Zeit ausgelegte Kultivierung des Landes durch Brandrodung zum Anbau von Feldfrüchten in Monokulturen (RAS WORLD ATLAS 1998, Plate 167 Agriculture and ist Impact on the Environment und Plate 171 Effects of Economic activities on forests) und kann deshalb als Hauptverursacher der beschriebenen Ozonkonzentration gelten.

Das Kongobecken hat zudem als „zweitgrößtes zusammenhängendes „Tropenwaldmassiv" (DEUTSCHER FORSTVEREIN 1986) eine wichtige Bedeutung für die Stabilität des Weltklimas. Die feuchten Luftmassen, die über dem Kongobecken aufsteigen, in der oberen Troposphäre auseinander weichen und über den subtropischen Meeren wieder absinken, um dann wieder mit Winden des Atlantiks in die bodennahen Luftschichten des Regenwaldes hinein getragen zu werden (Walker-Kreislauf und Hadley-Zelle) sind Wärmequellen für die Erdatmosphäre (CARLOS, L. in NIEMITZ 1991).Zwar ist das Kongobecken die schwächste Wärmequelle der drei auf der Erde entlang des Äquatorialgürtels existierenden Regionen mit aufsteigenden Luftmassen (CARLOS, L. in NIEMITZ 1991), aber als Wärmequelle für die polaren Regionen sehr wichtig. Demzufolge würde mit fortschreitender Abholzung und Brandrodung dieser Prozess verringert werden und zu einer Abkühlung der gemäßigten und polaren Gebiete führen, was die Nutzungsfähigkeit der Ökosysteme zeitlich einschränken könnte (verkürzte Vegetationsperiode). Inwiefern sich die Folgen des Treibhauseffektes und die Veränderung dieses Wasser-Wärmekreislaufs gegeneinander aufheben ist bis heute noch nicht geklärt.

3. Ursachen und Verursacher der Regenwaldvernichtung durch Brandrodung

Die Ursachen in der Vernichtung der Regenwälder sieht die ENQUETE - KOMMISSION (1990) im kleinbäuerlichen Wanderfeldbau für eine Subsistenzwirtschaft, in der agroindustriellen Landnutzung zur Erzeugung für den Export bestimmter cash crops und Produkten aus Dauerkulturen, die im Kongo nach RAS (Plate 137, 24 a Current Land use Systems 1998) von besonderer Bedeutung sind, wie z.b. Kaffee, Kakao, Palmöl. Weitere Ursachen sind die extensive Viehwirtschaft, die aber im Kongobecken durch das Auftreten der Tse-Tse Fliege begrenzt ist, und die Gewinnung von unbewaldeten Flächen zur Nutzung energetischer und mineralischer Ressourcen. Das Legen von Bränden beschreibt MANSHARD (1995) als Möglichkeit der „Vernichtung und dem Fernhalten von Krankheitsüberträgern wie Tse- Tse Fliegen und Zecken" und zum Schutz vor Wildtieren.

Die ENQUETE - KOMMISSION (1990) sieht zudem eine ungerechte Landverteilung und ausbleibende Landreformen, die Tropenwaldvernichtung begünstigende Steuer - und Abgabensysteme, der Druck zur Erwirtschaftung von Devisen, der Mangel an Technologien für eine effiziente, schonende und umweltverträgliche Nutzung von Ressourcen und Rohstoffen, militärische und nationalstaatliche Interessen, die Interessen nationaler und internationaler Unternehmen, sowie die Korruption als Ursachen für die Brandrodung, die als zeit- und kostenextensiv gilt.

Das Kongobecken ist trotz des hohen Potentials an Ressourcen von wildwachsenden Nahrungspflanzen (RAS- WORLD ATLAS 1998, Plate 118 Potential Resources of Wild Food Plants) mit 20- 22 kg / ha / Grüngewicht aufgrund von Erdölvorkommen und Mineralvorkommen wie Blei, Zinn und insbesondere Gold (IUCN 1999) besonders interessant, was den Druck auf dieses Gebiet besonders groß erscheinen lässt und der Biodiversität abträglich ist. Die schwierigen, ökonomischen Bedingungen, die bürgerkriegsähnlichen Unruhen in einigen Ländern und verschiedene Korruptionsvorwürfe bedingen die Verwüstungen der Regenwälder im Kongobecken (WWF 1999). Die im Vergleich zu anderen afrikanischen Staaten geringe Bevölkerungsdichte in Zaire hatte die Zerstörung der Regenwälder zur landwirtschaftlichen Nutzung anfangs gering erscheinen lassen, doch mit dem „Prozess des Holzeinschlags durch multinationale Konzerne kann die arme Bevölkerung auf den Einschlagstrassen den Holzfirmen in den Wald nachfolgen, um das Land durch Brandrodung zu kultivieren (KENRICK, J. in BOLLING 1992). Die Gewinnung von Weideland durch Kleinbauern entspricht den Informationen der KOMMISSION DER EUROPÄISCHEN GEMEINSCHAFTEN (1989) wonach ein Teil des

Kongobeckens für Viehgroßfarmen zur Deckung des weltweiten Bedarfs an billigem Rindfleisch zerstört werden soll.

Die weitere Technisierung und die Möglichkeiten der Nutzbarmachung von unzugänglichen Gegenden hat den Druck in den letzten 10 Jahren auf das Kongobecken ansteigen lassen während dieses Gebiet noch 1986 als wesentlich unberührt beschrieben wird (DEUTSCHER FORSTVEREIN 1986), weil es gering erschlossen und dünn besiedelt ist, sowie schwierige Geländeverhältnisse die Nutzung einschränkten (sumpfige Flusslandschaften).

Das Feuer als „modernes Werkzeug großflächiger Vernichtung von Waldressourcen und Biodiversität" (GTÖ 1995) wird durch verschiedene Verursachergruppen angewandt, dazu gehören die Holzexploiteure, die zur Gewinnung afrikanischer Edelhölzer aus dem Kongobecken (GREENPEACE 2001) Geländeerschließungen durchführen; die landwirtschaftlichen Großbetriebe, welche die Waldflächen durch Plantagen ersetzt; die Staaten Kamerun, Gabun, Kongo, Äquatorialguinea,Tschad und die Zentralafrikanischen Republik selbst, die Umwandlungen des Tropenwaldes für Aufforstungen, cash crops oder Infrastrukturmaßnahmen durchführen; die Schwerindustrie; die autochtone Bevölkerung, die aufgrund unklarer Bodenrechtsverhältnisse den Wald umwandelt und die allochtone Bevölkerung, welche durch geringe Kenntnis des Ökosystems Feuchtwald den Wald für die Nutzung der Flächen zum Wanderfeldbau zerstört (DEUTSCHER FORSTVEREIN 1986). Allerdings ging in der zunehmenden Bevölkerungsdichte die Abnahme der Nachhaltigkeit einher, die in weiten Teilen der feuchten Tropen Afrikas zur Herausbildung von Imperata -Feuerklimaxvegetationen mit hochgradiger Bodenerosion geführt hat (PETERS, K.J. in DSE 1990).

Im weltweiten Maßstab entstehen nach dem 6. TROPENWALDBERICHT DER BUNDESREGIERUNG (1995) 86-94 % der Waldzerstörung durch die Landwirtschaft, davon ist die Hälfte durch bäuerliche Brandrodung zur Eigenversorgung hervorgerufen. Daraus erwachsen Forderungen nach Lösungen zum Schutz der Tropischen Regenwälder, welche die Lebensbedingungen der Subsistenzbauern fördern müssen, sonst wird durch den „Zwang zum Roden und Brennen immer weiterer Flächen das Verschwinden der letzten Tropischen Regenwälder unabwendbar sein" (LAMPRECHT 1990).

4. Lösungsmöglichkeiten zum Schutz der Regenwälder des Kongobeckens

Die Brandrodung ist oftmals neben dem Ziel der ackerwirtschaftlichen Nutzflächengewinnung eine „Begleiterscheinung" der Konzerne, die das Tropenholz für den Export einschlagen, woraus sich die Notwendigkeit ergibt den Raubbau dieser Holzkonzerne einzuschränken. Ein negatives Beispiel solcher Aktivitäten ist die Firma Lapeyre aus Frankreich, die ihre afrikanischen Edelhölzer aus dem Kongobecken beziehen (GREENPEACE 2001).

Ziel eines Regenwaldschutzes muss eine nachhaltige und naturverträgliche Bewirtschaftung dieser sein, obwohl nach REICHHOLF (in NIEMITZ 1991) Regenwälder weder mittel- noch langfristig nutzbar sind. Zumindest sollten aber neben der Unterschutzstellung als beste Möglichkeit Ziele der Renaturierung degradierter Tropenwälder und die Beschränkung des Handels mit Tropenhölzern erfolgen (BFN 1998). Dafür dienlich sind nach dem BFN (1998) das Internationale Tropenholzabkommen ITTA aus dem Jahr 1994, das Tropenwaldprogramm der Bundesregierung aus dem Jahr 1993, das Tropenökologische Begleitprogramm TOB aus dem Jahr 1992 und das Sektorvorhaben LISTRA der GTZ.

Der 6. TROPENWALDBERICHT DER BUNDESREGIERUNG (1995) sieht Lösungen für den Schutz der Regenwälder, die aufgrund der sozialen, politischen und ökonomischen Bedingungen im zentralafrikanischen Regenwald wie sie in BOLLING und BÜNNAGEL (1992) beschrieben sind auch für das Kongobecken von Relevanz sind. Hierzu zählen die Minderung der Massenarmut, Agrarreformen zur Erreichung einer gerechteren Landverteilung und dabei stärkere Berücksichtigung traditioneller Rechte der indigenen Bevölkerung, Verbesserung der weltwirtschaftlichen Rahmenbedingungen, Schaffung geeigneter institutioneller Voraussetzungen. Die Stärkung der kommunalen Ebene zur Erreichung eines selbstüberwachten Schutzstatus hält SAYER (1991) für besonders wichtig.

Die Einrichtung von Nationalen Waldprogrammen für Integrierte Landnutzung und ländliche Entwicklung müssen Fragen wie Bewirtschaftungsintensität, Waldverteilungen und Waldfunktionen der sozialen, ökonomischen und ökologischen Ebene miteinander abwägen .Die Landwirtschaft muss sich ökologisch den naturräumlichen Bedingungen der Ökosysteme anpassen. Die Brandrodung ist generell abzulehnen und eher durch Nutzung der gesamten Biomasse zu ersetzten, wenn Vorhaben zur „Nivellierung" von Tropenwaldflächen beschlossen werden.

Dies begründet sich auf Aussagen von NAMBIAR et. al (1998), die nachwiesen, dass die düngende Wirkung von Bränden auf den Boden nach 21 Monaten nicht mehr signifikant ist und damit die negativen Auswirkungen von Brandrodung bei weitem überwiegen.

Der 6. TROPENWALDBERICHT DER BUNDESREGIERUNG (1995) sieht das „multiple cropping" bei dem auf der gleichen Fläche verschiedene Kulturpflanzen mit unterschiedlichen Ansprüchen und Erntezeiten angebaut werden für nachhaltig und auch agro-forstliche Landnutzungsformen, bei denen forstwirtschaftliche und landwirtschaftliche Produkte auf gleicher Fläche angebaut werden, sind nach PRABHU ET. AL. (1993) von Eignung in Tropenwäldern. Die Abwendung von Tropenholzhölzern und die weltweite Zertifizierung von Waldbeständen, deren Nutzung ökologisch, sozial und ökonomisch tragbar ist, müssen sich international durchsetzen und durch entsprechende Gremien kontrolliert werden. Der Anbau von Forstkulturen, bzw. das nach einer Walddevastation und das Zulassen von Waldbrachen mit entstehenden Sekundärwäldern sind nach PRABHU ET: AL (1993) durchaus nachhaltige Bewirtschaftungsweisen, die wiederum Kohlenstoff speichern und so dem Klimawandel entgegenwirken können.

Zweifelsohne ist aber die Unterschutzstellung der tropischen Regenwälder die Variante, die Raubau und Brandrodung am effektivsten unterbinden würde, wenn die gesetzlichen Reglements und eine ausreichende Infrastruktur zur Überwachung der Schutzgebiete zur Verfügung stünden. Von der Seite nahm die Entwicklung im Jahr 1999 eine für das Kongobecken erfreuliche Wendung, denn auf Initiative des WWF beschlossen am 18.3.99 in der sogenannten Yaounde - Erklärung sechs afrikanische Staatschefs den Schutz ihrer Wälder im Zentralafrika. Die Länderchefs und Vertreter von Kamerun, Gabun, Kongo, Äquatorialguinea,Tschad und der Zentralafrikanischen Republik verpflichteten sich dem Schutz des grenzüberschreitenden und 3,5 Millionen Ha Wald umfassenden Schutzgebiet (WWF 1999). Es bleibt zu hoffen, dass die auf Regierungsebene beschlossenen Vereinbarungen auch für die regionalen Ebenen nachvollziehbar und existenzfördernd sind. So sind nach dem 6. TROPEN WALDBERICHT DER BUNDESREGIERUNG (1995) gerade Schutzgebiete für die Entwicklung eines Devisen bringenden Tourismus geeignet, um Arbeitsplätze und weitere Erwerbsmöglichkeiten für die lokale Bevölkerung zu schaffen.

5.Einschätzung der Entwicklung

Die Gebiete des Kongobeckens als Teil der zentralafrikanischen Tropischen Regenwälder erfüllen klimatische Aufgaben von globaler Bedeutung und zählen aufgrund ihrer Biodiversität, die bei über 3000 Arten / km2 (RAS - WORLD ATLAS, Plate 131 Spezies Diversity of terrestrial animals) an terrestrischen Tieren liegt, zu den wertvollsten Landschaften weltweit. Der im Kongobecken betriebene Raubbau an der Natur wird sich auch weiterhin mit steigender Tendenz fortsetzen, solange zum Einen die Lebensumstände der ländlichen Bevölkerung nicht verbessert werden, was auch eine Nutzungsintensivierung der bestehenden landwirtschaftlichen Fläche zur Folge haben muss, um den Druck auf unerschlossene Gebiete zu reduzieren, und zum Anderen Verbote der Förderung von Bodenschätzen und Holzressourcen nicht durchgesetzt werden können.

Dabei reicht es nicht aus, staatenübergreifende Abkommen zu treffen, solange unklar ist mit welchen finanziellen und personellen Mitteln die Integrität von Schutzgebieten gewährleistet werden soll. Im Falle des Kongobeckens sollte der höchste legislative Schutzstatus angelegt werden, um dieses Ökosystem in seinen jetzt noch vorhandenen Teilen zu erhalten. Damit käme man auch des in der Agenda 21 geforderten Stopps der Entwaldung von Regenwäldern entgegen. Das Kongobecken von globaler Bedeutung müsste dementsprechend vor Zugriffen bewahrt werden, die aber Fortbestand haben werden, wenn sich eine „Ökologie des Geistes" (GORE, A. 92 in MANSHARD 1995) nicht durchsetzen wird.

Die jetzt schon auftretenden Klimaveränderungen, die durch die industrielle Kultur Mitteleuropas und Nordamerikas forciert werden, haben ohnehin Auswirkungen auf die Zusammensetzung und Funktion der noch bestehenden Regenwaldkomplexe. Der Anteil der durch die Industrienationen verursachten klimaschädigenden Effekte wird auch in den nächsten Jahrzehnten steigen, - es gilt das zu bewahren was noch stabilisierend im globalen Kreislauf die Existenzgrundlage nachfolgender Generationen sichert.

6.Quellen

Bundesamt für Naturschutz (BFN 1998) : Internationale Übereinkommen, Programme und Organisationen im Naturschutz, BFN Skripten 1, Bonn , 137 S.

Bolling, M. u. D. Bünnagel (1992): Der zentralafrikanische Regenwald, Münster, LitVerlag, 231 S.

Bundesregierung (1997): Schutz und Bewirtschaftung von Tropenwäldern, 6. Tropenwaldbericht, 71 S.

Deutscher Forstverein (1986) : Erhaltung und nachhaltige Nutzung tropischer Regenwälder, München, Weltforum- Verlag, 246 S.

Deutsche Gesellschaft für Tropenökologie (GTÖ 1995): Vergleich der Tropengrossregionen, Hamburg, 48 S.

Deutsche Stiftung für internationale Entwicklung (DSE 1990) : Landnutzung in den feuchten Tropen, Feldafing, 187 S.

Enquete Kommission (1990): Schutz der Tropenwälder, Deutscher Bundestag, Economica Verlag Bonn, 983 S.

Geographisch- Kartographisches Institut Meyer (1993): Weltatlas, Brockhaus Enzyklopädie, Brockhaus Mannheim, 538 S.

Greenpeace (1998): Greenpeace Magazin 4/ 98, 64 S.

Greenpeace (2001): http://greenpeace.ch/action33/html_ausfuhrliche_infos/28_4vevey.html

IUCN (1999): Forests under fire, IUCN- Magazin 4/99, 40 S.

Kommission der europäischen Gemeinschaften (1989) : Die Rolle der Gemeinschaft bei der Erhaltung der Tropenwälder, Brüssel, 36 S.

Lamprecht, H. (1990): Tropische Regenwälder, Wilhelm- Münker- Stiftung Siegen, 44 S.

Manshard, W. u. R. Mäckel (1995) : Umwelt und Entwicklung in den Tropen, Wissenschaftliche Buchgesellschaft Darmstadt, 182 S.

Nambiar et. al (1998): Site Management and Produtivity in Tropical Plantation Forests, Center for International Forestry Research Indonesia , 76 S.

Niemitz, C. (1991): Das Regenwaldbuch, Berlin, Paul Parey Verlag, 223 S.

Prabhu et. al (1993) : Erfahrungen und Möglichkeiten einer nachhaltigen Bewirtschaftung von artenreichen tropischen Regenwäldern, Bundesministerium für wirtschaftliche Zusammenarbeit und Entwicklung, Weltforum-Verlag, 292 S.

Russian Academy of sience (RAS), Institue of Geography (1998): Resources and environmental World Atlas, Part 1 and 2, Ed.Hölzel GmbH Wien.

Sayer, J. (1991): Rainforest Buffer Zones, IUCN, Newbury-Berkshire,
94 S.

Stiftung Ökologie u. Landbau (1995): Landwirtschaft und
Klimaänderung, Infoblatt

UNEP (1998): Protecting our planet Securing our Future, Kenya, 95S.

Wissenschaftszentrum Berlin (WZB 1995): Globale Umweltprobleme,
Berlin, 84 S.

WWF(1999):Pressemitteilung,
http://www.wwf.de/c_bibliothek/c_pressc/c_presse_newsarchiv/c_pm_9903/cjpresse_pm_990318.html